儿童财商故事系列

学做小小理财师

曹葵 著

四川科学技术出版社
·成都·

图书在版编目（CIP）数据

儿童财商故事系列. 学做小小理财师 / 曹葵著. -- 成都 ：四川科学技术出版社，2022.3
ISBN 978-7-5727-0297-6

Ⅰ. ①儿… Ⅱ. ①曹… Ⅲ. ①财务管理－儿童读物 Ⅳ. ①TS976.15-49

中国版本图书馆CIP数据核字（2021）第193423号

儿童财商故事系列 · 学做小小理财师

ERTONG CAISHANG GUSHI XILIE • XUEZUO XIAOXIAO LICAISHI

著　　者　曹　葵
出 品 人　程佳月
策划编辑　汲鑫欣
责任编辑　江红丽
特约编辑　杨晓静
助理编辑　文景茹　王　英
监　　制　马剑涛
封面设计　侯茗轩
版式设计　林　兰　侯茗轩
责任出版　欧晓春
内文插图　浩馨图社
出版发行　四川科学技术出版社
地址：四川省成都市槐树街2号　邮政编码：610031
官方微博：http://weibo.com/sckjcbs
官方微信公众号：sckjcbs
传真：028-87734035
成品尺寸　160 mm × 230 mm
印　　张　4
字　　数　80千
印　　刷　天宇万达印刷有限公司
版　　次　2022年3月第1版
印　　次　2022年3月第1次印刷
定　　价　18.50元
ISBN 978-7-5727-0297-6
邮购：四川省成都市槐树街2号　邮政编码：610031
电话：028-87734035

目录

主要人物介绍

小亦

咚咚的妹妹，喜欢思考，
行动力强，善于沟通

咚咚

古灵精怪，好奇心强，
想法多，勇于尝试

咚爸

性格温和，
有耐心，
非常理解孩子

咚妈

脾气有些急，
但有爱心，
理解并尊重孩子

复利的故事

小朋友，你知道什么是复利吗？复利可是非常厉害的，你可要好好学习复利知识，运用复利思维去思考生活中的问题。

今天的数学课上，数学老师对同学们说："今天正式上课前，咱们先做一个游戏。"

"好呀！好呀！"同学们非常期待。

老师打开一张纸，上面画着 64 个格子，像棋盘一样。

老师又拿出一个袋子，说："同学们，这是一袋豆子。"

"游戏规则是这样的，在纸上的第一个格子里放一粒豆子，第二个格子里放两粒，第三个格子里放四粒，第四个格子里放八粒……以此类推，之后每个格子里放的豆子的数量是上一个格子里的两倍。"老师告诉大家放豆子的规则，并请同学们猜一猜袋子里的豆子够不够放满所有格子。

"袋子里有好多豆子呢！我觉得够放。"咚咚说。

"我觉得不够放。"另一个同学说。

老师笑着说："接下来，我们就看看到底够不够放吧！"

很快，一袋豆子用完了，可是纸上还有许多空格。

看到同学们震惊的神情，老师说：“同学们，老师可以告诉大家，要想将 64 个格子全部填满，需要的豆子远远超过一千万亿粒，多得难以想象。”

“天啊，这么多！”同学们惊叹道。

咚咚回到家后，把今天数学课上做的游戏讲给妈妈听。咚妈说：“这不就是复利吗？”

咚咚问：“什么是复利？”

“复利是计算利息的一种方法，把前期的利息和本金加在一起算作本金，逐期滚动计算利息。所以，越到后面，钱就越多。”咚妈说，“而你们以前只知道单利，就是只按照本金计算利息，所生利息不加入本金重复计算利息。”

“我还是不明白什么是复利。”咚咚说。

“妈妈给你算一算，你就能感受到复利的厉害了。”

“好，我去拿纸和笔。”咚咚心里充满好奇，迫不及待地想了解更多。

坐在一旁的小亦也对复利很好奇，抢先一步拿来了纸和笔。

“我们现在假设，妈妈在你 9 岁时给你存了 10000 元，想等你上大学时取出来用。我们假设年利率为 4%，我们先按照单利来计算，那么第一年能得到多少利息呢？”

“我知道，是用 10000 乘以 4%，会得到 400 元的利息。”咚咚说着，小亦在纸上写着。

“对。1 年 400 元，那么 10 年就会得到 4000 元。也就是说，按照单利计算的话，10 年之后连本带息一共是 14000 元。”咚妈说着，小亦在纸上写着。

“好，接下来我们按照复利来计算。第一年和单利时一样，会得到 400 元利息。第二年把这 400 元放到本金里面，利息会是多少呢？”咚妈问。

“10400 × 4%，是 416 元。”咚咚说。

“也就是说，2 年之后一共会得到 10816 元。以此类推，10 年之后大约是 14802.44 元。”咚妈说道。

“比按照单利计算多了 800 多元，复利好神奇呀！”咚咚和小亦兴奋地说。

“如果存 20 年的话，20 年之后大约是 21911.23 元！”咚妈笑眯眯地说。

“比用单利计算多了 3900 多元！相当于多了 10 年单利的利息！”小亦说。

“不只是银行存款，还有很多理财产品也会用到复利知识。”咚妈看到咚咚和小亦算得非常正确，很开心，继续讲着。

“什么是理财？”咚咚问。

“简单地说，理财就是对自己的财物或财务进行管理。”咚妈说。

“理财就是赚钱吗？”小亦问。

“不是，很多人以为理财就是赚钱，实际上理财是合理平衡收入和支出的过程。”咚妈说。

“我不明白。”咚咚说。

“简单地说，就是让自己在关键的时候有钱可用。”咚妈说。

第二天，小亦在学校和同学分享刚学到的复利知识。

“小亦，我爸爸也这样说。他还说复利思维也可以用在我们的学习上面，”同学说，“我爸爸说这叫作‘知识复利’。”

“‘知识复利’是什么意思呀？”小亦好奇地问。

“就是每天学习，并且持续不断。通过学习和累积，就可以在之前所学知识的基础上建立更新、更全面的知识体系。这种学习效果就像复利一样强大。我爸爸说，要想获得知识复利，最重要的一点就是持续、不中断地学习。”同学认真地回答。

“我明白了。把复利思维用到学习上，这样积累知识的过程就不像加法一样，学一点儿是一点儿，而是像复利计算那样，到某个阶段时，知识会突飞猛进地增长。”小亦说。

“对呀，我们以后都要多多应用复利思维，它好处多多呀！”同学说。

拥有复利思维不仅有助于我们理财，还有助于我们走向成功。复利思维，简单来讲，就是坚持重复做一件事情，事情的结果会不断累积，一段时间后，会产生意想不到的效果。如果你一直坚持某种良好的习惯，那么你可能在不知不觉中会有意想不到的收获。

在集邮中学习投资

小朋友，你喜欢集邮吗？集邮是一项深受世界各国人民喜爱的活动，至今已有100多年的历史了。集邮不仅能让我们了解历史、获取不同领域的知识，还能给我们的生活带来很多乐趣。其实，集邮远不止这些好处，它还可以让我们学习一些关于收藏品的投资知识呢！

周末，几个小伙伴聚在一起，有的看书，有的练字，有的玩儿游戏，小亦却闷闷不乐地趴在桌子上。

皮蛋儿看到她心情不太好，便问：“你是遇到什么困难了吗？说说看，我帮你想办法。”

小亦看了看皮蛋儿，委屈地说：“我不小心把我最喜欢的一枚邮票弄丢了。”

“不就是一枚邮票嘛，再买一枚不就行了。”皮蛋儿说。

“那枚邮票是我刚开始集邮的时候叔叔送给我的，现在应该买不到了。”小亦说着说着，觉得更难受了。

这时，哥哥咚咚走过来安慰她说：“别伤心了。我陪你一起去邮局看看，买一枚更好看的邮票。”

于是，小亦和哥哥一起去了邮局。

“你们有集邮的爱好，真是太棒了！”邮局的工作人员一边说着，一边拿出很多好看的邮票。

咚咚感叹道："哇，这些邮票上面的图案都好漂亮啊！我决定了，我也要集邮。"

回到家后，咚咚把今天去邮局买邮票的事儿告诉了咚妈。

"妈妈，我也想集邮。"咚咚觉得那些邮票让自己很心动。

"好呀！妈妈支持你！集邮不仅能帮助你了解各个方面的知识，还能培养你的耐心，并且你在集邮的过程中还可以学习投资呢！"咚妈很赞成。

"啊？集邮还与投资有关系？"咚咚惊讶地问。

"对呀！集邮也是一种投资方式。"咚妈说。

"可是，我们怎么进行集邮投资呀？"咚咚有些困惑。

"集邮投资实际上就是买卖邮票。比如，你之前买了一套很有收藏价值的邮票，如果别的集邮爱好者想要你手上的这套邮票，最简单的途径就是用钱购买，而你卖出邮票时就可能会赚取到差价。"咚妈进一步解释道。

我们欣赏邮票时，不仅仅欣赏它们美丽的图案，通过一个国家的邮票，我们还可以了解那个国家的风俗习惯、地理环境、文化教育和重要人物等，涉及经济、文化、自然风貌等领域。

“我明白了，妈妈。集邮投资就是低价买入邮票，再高价卖出邮票。”

“是的。不过，邮票价格也常有变化，集邮投资也可能会赔钱。”

“妈妈，是不是只有投资那些发行年代久远的或稀有的邮票才有价值呀？”

“虽然那样的邮票投资价值的确高，但是邮票的投资过程都是一样的。”

邮票的价格是相当透明的，各种集邮刊物、网站上都有邮票的价格。邮票已经成为一种供大众投资的商品。集邮者在欣赏邮票的同时，会有意无意地接触到邮票的发行量、市场价格走势等。所以，如果我们进行集邮投资，就要留意这些信息。

“妈妈，如果投资那些发行年代久远的、数量少的邮票能赚钱的话，那么是不是投资古董也可以呀？”

“当然了，很多人通过买卖古董赚了钱。”

“哇，那我们也投资古董吧！”

“别着急，咚咚。妈妈周末带你和妹妹去一趟旧货古玩市场，那里有很多有意思的邮票和其他收藏品。”

“真的吗？太好了！我们带着皮蛋儿一起去吧！”

很快就到了周末，咚妈、咚咚、小亦和皮蛋儿来到了旧货古玩市场。三个小朋友非常兴奋。

“妈妈，这里卖的邮票好多呀！”咚咚说。

“每一张都很漂亮！”小亦接着说。

他们走进一家店，小亦指着墙上的一幅画说：“妈妈，这幅画好漂亮呀！”

“那幅字也好看。”咚咚说。

古玩店的老板热情地招呼道：“小朋友，你们想看些什么呢？”

皮蛋儿说：“叔叔，您这里有好多漂亮的字画呀！”

“是呀！除了字画，我们这里还有别的宝贝。”老板边说边从柜子里拿出一个盒子，“你们看，这是玉镯子，这是玉雕的小人儿，这是玉雕的龙……”

皮蛋儿、咚咚和小亦看得眼花缭乱。

老板又拿出一个箱子，说：“这里面有用玉做成的象棋，很多人买回去收藏，还有用玉雕成的十二生肖。”

“好可爱呀！”三个小朋友异口同声地说道。

回家的路上，咚咚说：“妈妈，那个叔叔的店里有好多漂亮的东西呀，它们都可以用来收藏吗？”

“可以。不过很多人是为了投资而收藏它们。”咚妈回答。

“妈妈，我们可以收藏字画和玉器吗？”咚咚又问。

“现在还不行。收藏需要专业知识，你们还不懂，很多不法分子就是利用假货来骗人的。等以后你们经济独立了，并且能分辨收藏品的真伪优劣，就可以投资这些收藏品了！”咚妈耐心地解释道。

“好！”三个小朋友异口同声地说。

第3章

投资理财有赚也有亏

小朋友，过年的时候你会收到压岁钱，爸爸妈妈平时也会给你零花钱，你是怎么支配这些钱的呢？是自己存起来，还是很快花掉它们？其实，如何管理这些钱是一门大学问！

暑假结束了，新学期开始了。小亦和哆哆聚在一起，兴高采烈地诉说着假期中发生的趣事。

放学后，两个人相约去小商店买东西。

在小商店里，哆哆买了铅笔、橡皮和尺子。她一扭头，看见小亦买了一大堆零食。

哆哆对小亦说："小亦，你怎么买了这么多东西呀？这要花好多钱呢！"

"我还有很多零花钱呢！你想吃什么就随便拿，我请客！"小亦得意地说。

"谢谢你，小亦。你的爸爸妈妈允许你随意使用这些钱吗？"

"允许呀！"

"如果你把钱都花完了，那多可惜啊。你可以存钱去投资呀，这样就可以赚到钱啦！"

小亦听了哆哆的话，一脸茫然地问：“哆哆，你说的‘投资’指的是什么呀？真的可以赚到钱吗？”

把钱存银行，
就会得到利息！

哆哆耐心地解释道：“当然可以啦！投资就是用钱生钱呀，比如我们把钱存进银行，一段时间后就会得到利息。这样，我们的钱就变多了。”

小亦继续请教：“哆哆，这个我知道，妈妈以前也给我讲过，我之前也在银行存了钱。除了存钱，你都是怎么投资的呀？”

“之前，我舅舅想开一家小超市，可是资金不够，我家就给舅舅投了一些钱，我的 5000 元也给了舅舅。”

“哆哆，你的存款好多呀！怪不得别人都叫你‘钱多多’呢！”

小朋友，你知道什么是投资吗？简单来讲，投资就是把钱交给别人做生意。当他们做生意赚钱了，会给你分红；当他们做生意赔钱了，你就得跟着承担损失。所以，投资时一定要谨慎！

哆哆笑了笑，说：“收到压岁钱和零花钱后我都会攒下来，钱慢慢地就变多了。舅舅说赚了钱还会给我们分红呢！”

小亦苦恼地说：“可是我不认识需要钱做生意的人，这可怎么办？”

“那你就先把钱存进银行，等着收利息。”哆哆建议道。

我们作为投资新手，在初步接触投资时，可以先了解那些比较稳妥的投资方式。当我们对投资知识有了一些了解，并且亲身体验过投资后，我们可以再了解其他投资方式，例如，买基金、国债等。

小亦回到家后，把今天发生的事情告诉了咚妈。

“我不要再随便花钱了，要学习更厉害的投资方法，赚更多的钱！”小亦说。

“妈妈，除了把钱存进银行收利息，还有什么投资方式呀？”

“还可以买基金。”

“基金是什么？”小亦问。

“基金就是把人们的钱集中起来，由专业人员替人们进行投资活动。”咚妈说。

“专业人员，听起来很厉害的样子。”小亦说，“咱们家买基金了吗？”

“咱们家也买了几只基金。”

“那我可以看看吗？”小亦听了咚妈的话，迫不及待地想要看看基金是怎么回事。

“当然啦！”咚妈拿出手机，把家里买的基金给小亦看。“小亦，买基金是有风险的。”咚妈提醒道。

“什么是风险？”小亦问。

“风险就是可能发生的危险。投资时，人们通常把风险理解为可能会赔钱。”咚妈说。

“有风险为什么还要买？”小亦十分不解。

“投资都是有风险的，如果不想承担太大的风险，就只能把钱存银行了。”咚妈说。

“那我们还是把钱一直存银行吧！”小亦觉得这样最安全。

“把钱存银行的话，利息太少，所以妈妈就冒一些风险买了基金。”咚妈说。

“可是我不想冒风险。”小亦说。

“不愿意冒风险的话就把钱存入银行，愿意冒风险的话，就把钱拿去投资。每个人的风险承受能力不一样，不同的人可以选择不同的投资方法。”咚妈说。

小亦问：“投资基金的风险大吗？”

“不同类型的基金风险是不同的，不能一概而论。”咚妈解释道。

“那您买了哪些基金呢？”小亦指着妈妈的手机问。

“妈妈买了股票型基金、货币基金，还有债券基金，但是，它们都比银行存款复杂得多。”咚妈说。

“给你看看我买的基金，你简单了解一下，满足一下你的好奇心。”妈妈笑眯眯地把手机递给小亦。

小亦看着手机问：“怎么有的数字是红色的，而有的数字是绿色的？”

“红色数字就表示基金净值涨了，绿色数字就表示基金净值跌了。”咚妈说。

“跌了？！那就赶紧卖掉，不然就赔钱了！”小亦着急地说。

“买基金要看长远，不能因为一天的涨跌就买卖。你还记得复利的故事吧？”咚妈问。

“记得啊！基金听起来太复杂了，我要先好好学习学校的功课，等我学到足够的知识后再研究它。”小亦认真地说。

“这就对了！”咚妈说。

第4章

给做生意的小伙伴投点儿钱

小朋友，你试过投资小生意吗？有的小朋友觉得这种事情离自己太遥远了，其实并不是的。当身边有小伙伴做生意时，我们可以拿出自己暂时不用的钱给他投资。这是最常见的投资方式。

哆哆这几天忙得热火朝天，一放学就不见踪影了。其实，她想做卖旧书的生意，这些天正忙着向高年级同学收购旧书。

小亦知道她在收购旧书，便问她：“哆哆，你有没有什么需要我帮忙的呀？”

哆哆挠了挠头，说：“其实，我收购旧书的钱不太够，我不想动用银行的存款，你可不可以给我投资一些钱呀？而且，你可以跟我一起卖旧书，尝试做小生意！”

“可以呀！但是我想先了解一下情况，你准备收购多少旧书呀？”小亦非常高兴能参与这件事儿。

哆哆就把自己的计划告诉了小亦。

小亦有些心动，她说：“那我先回家和妈妈商量一下，明天给你答复。”

小亦一回家就迫不及待地把这件事儿告诉了咚妈，征求咚妈的意见。

咚妈说：“可以呀！哆哆小小年纪就勇于尝试，还有计划，很有做生意的天赋。你用自己的零花钱帮助她解决困难，并体验投资和做生意，这个想法也很好。”

咚妈又说：“小亦，你和哆哆商量好怎么分红了吗？”

“分红？我没有问，我只问了她需要多少本钱。”

“提前对分红做出约定，不仅可以锻炼你们的投资能力，还能避免你和哆哆之间因为这个问题产生矛盾。”

“好的，妈妈，我会提前和哆哆商量好的。”

俗话说：“亲兄弟，明算账。”小朋友，你在给做生意的小伙伴投资时，一定要先和小伙伴商量好分红是多少、什么时候归还本金等问题。这样不仅可以避免之后因为投资分红的问题产生矛盾，还能帮你们梳理清楚投资思路。可不要因为你们关系好，就忽略了这一点。

第二天，小亦找到哆哆。

小亦问：“哆哆，你打算一本书卖多少钱呀？”

“收购书的时候，我把书分成了三个档次，分别是 4 元、5 元、6 元。卖书的时候，我同样按照这三个档次，卖 6 元、7 元、8 元。”

“这样的话，每卖出一本书就能得到 2 元的利润。”

“是的。我们一起卖书，各投资一点儿钱，盈利的部分我们平分，你觉得怎么样？”

“好，就这么决定啦！”

在朋友们的帮助下，小亦和哆哆很快就收购了足够数量的旧书。

“太好了，哆哆，我们收了不少书啊！”

“是呀，接下来我们就可以开始卖书了。”

“我们要去哪里卖书呀？”

“我计划周末去社区跳蚤市场卖，我们可以先在班级里宣传一下。”

“你这个想法真好！”

课间，小亦走到讲台上。

小亦对同学们说：“同学们，不好意思，我想占用大家几分钟的时间。”

“我和哆哆从高年级的学长、学姐那里收购了一些旧书，我们准备周末去社区跳蚤市场卖书，请大家帮我们做做宣传，欢迎大家光临我们的书摊儿。谢谢！”小亦说完，向大家鞠了一躬。

在社区跳蚤市场上，哆哆和小亦卖的书又多又便宜，很快，她们就卖出了大部分书。

收摊儿后，两个人算了一下：除去收购旧书的成本以及卖不掉的书，小亦可以分到 24 元钱。

小亦收到钱后非常开心，说：“谢谢你，哆哆。”

“不客气，这是你应得的。”

投资前要了解的事情

小朋友们，投资和投资风险就像两个密不可分的小伙伴，总是结伴出现。我们在投资的时候，一个不留神，就可能掉进投资风险的陷阱里，造成损失。这个时候，我们该怎么办呢？

放学了，小亦、哆哆和羽灵姐姐一起走在回家的路上。

“咱们每次回家都会路过一个篮球场。”哆哆说。

“每天傍晚，都有人在那里打篮球。”小亦说。

“天气这么热，他们总是汗流浃背的。”羽灵姐姐说。

“对呀。天气这么热，他们一定特别容易口渴。我发现那个篮球场附近没有商店，咱们可以合伙做生意，去那里卖矿泉水，他们一定很乐意买。”小亦兴奋地说。

哆哆担心没人买常温的矿泉水，小亦说：“我们可以在超市买一些矿泉水，放在有冰块的泡沫箱子里，这样我们卖的矿泉水就是凉的。还可以买些西瓜运过去，一定会有很多人买的。”

“不如我们先去问问他们愿不愿意买，再决定做不做这个生意。”羽灵姐姐建议道。

“好呀！”小亦和哆哆齐声说道。

于是，三个人加快步伐，来到篮球场。她们问了很多人，这些人都表示愿意买。

小亦说："咱们商量一下投钱的事情吧！我想咱们先凑 500 元。我是主要负责人，出 250 元。"

羽灵姐姐说："我可以出 150 元。"

哆哆说："那我出 100 元。"

三个人兴高采烈地出发了。她们采购了西瓜和矿泉水，向篮球场进发。一不小心，西瓜掉在地上裂开了。

"这可怎么办呀！没法儿卖了。"小亦伤心地说。

"咱们还是先回家吧！清理清理，明天再卖。"

三个人一致同意，先打道回府。

哆哆算了算，说：“坏掉的西瓜让咱们亏损 30 元。”

“啊？这么多呀！”小亦说。

“没关系，大不了咱们这几天再挣回来。”羽灵姐姐安慰道。

“对，我们明天努力卖矿泉水，肯定能挣回来的。”哆哆说。

第二天，她们又出发了。这次她们格外小心，顺利来到篮球场，卖起了西瓜和矿泉水。

正当她们忙来忙去的时候，一个保安大叔走了过来，说：“小朋友们，这里不允许卖东西。你们还是收拾收拾东西，回家去吧！”

“什么？”

三个人听完这话，犹如晴天霹雳，只能垂头丧气地回家。

回家后，哆哆说：“咱们今天虽然卖出去一些矿泉水和西瓜，但这两天咱们还是亏损了不少。”

“哆哆，羽灵姐姐，对不起。这次是我太心急了，做生意前没能做好调查，是我的失误。这次的损失就由我来承担吧！”小亦说。

“那怎么行，咱们三个都有责任，就应该一起承担损失。”羽灵姐姐说。

“那咱们按照投资的占比来分担损失。我承担 50%，羽灵姐姐承担 30%，哆哆承担 20%。可以吗？”小亦问道。

羽灵姐姐和哆哆都表示同意。

晚上，小亦把这次投资亏钱的事情告诉了咚妈，她心里非常难受。

“小亦，投资都会有风险，投资前要了解国家的法律法规，要守法经营。”咚妈说。

小亦说：“我明白了，就是投资、做生意要遵守国家的相关规定。”

“对。这次你们虽然赔钱了，但是你们能发现商机，想出做生意的点子并付诸行动，已经非常棒了！而且，你们明白了要守法经营，这也是重要收获，不要太难过。”咚妈说。

“妈妈，您给我讲一讲怎么才能避免投资风险，我想多了解一些。”

“好。妈妈就拿自己买基金的经历来给你举例子吧！”

“好的。我要多听听这样的经验。”

投资风险是我们在投资过程中不可忽视的因素。投资总会伴随着风险，投资的不同阶段可能有不同的风险，投资风险会随着投资活动的进展而变化。投资风险包括：能力风险、财务风险、利率风险、市场风险、变现风险、事件风险等。

很多投资者在投资时总是过于乐观，总想着怎么获取收益，却忽视了风险，从而导致本金丧失。

“前些日子，妈妈发现几只基金净值突然上涨，很多人都跟风购买，妈妈也差点儿禁不住诱惑。”

“那您买了吗？”

“没有。妈妈咨询了几位专业人士，他们都不建议买。”

“那几只基金现在怎么样了呀？”

“它们没涨几天，就开始大幅下跌。”

“幸亏您谨慎，没有买，不然就亏大了。”

“哈哈，是呀。妈妈想通过这件事情告诉你，投资的时候，一定不要只看到眼前的利益。我们一定要留心利益背后的风险，不要被眼前的利益冲昏了头脑。”

“嗯，我知道了，妈妈。”

“我们在投资时，要把眼光放长远。投资市场的快涨急跌，都仅仅是小浪花而已。我们在投资时，还要对投资风险保持高度警惕。”

“是，妈妈。”

“还有就是，我们考虑问题要全面，各个方面都要想到。”

“我知道了，妈妈。我们这次做生意就没有考虑全面，没有去调查那里让不让我们卖东西。”

“是的，小亦真棒，能自己总结经验了。投资可不是一件简单的事情，我们首先要学习，然后不断地积累经验。”

“我知道了，妈妈，我一定记住这次教训，以后不会再犯类似的错误了。”

股票和国债是常见的投资品种

小朋友，你听说过股票和国债吗？它们在投资王国里扮演着重要的角色。你可以先了解它们，为自己以后进行投资打点儿基础。

咚爸这几天给小亦、咚咚和咚妈买了很多漂亮的衣服，还计划一家人一起出去旅游。

小亦很好奇，忍不住问咚爸：“爸爸，最近有什么好事发生吗？我感觉您这几天心情特别好。”

“哈哈，确实有一件好事。爸爸买的股票涨了，赚了一笔钱呢！”咚爸笑着说。

“爸爸，股票是什么呀？”

“股票是股份公司用来表示股份的一种证券。公司的资本被拆分成很多份，一份就是一股，每股金额相等，让大家购买。如果这个公司的股价上涨了，大家购买的份额就随着增值，可以获得更多的收益。要是公司的股价下跌了，大家就会赔钱。如果有人不想再持有该公司的股票了，也可以转让给别人。”

“有点儿深奥，我听不太懂。”小亦皱着眉说道。

“那爸爸给你举个例子。比如你和两个小伙伴合伙开一个小卖部，你出 3000 元，他们两个各出 1000 元。这样一来，你们的小卖部就有了原始资金 5000 元。对吧？”

“是的。”

“那么你们三个人就是这个小卖部的股东。假如我们规定，每股为一元钱。那么，这个小卖部一共有 5000 股的股份。其中，你有 3000 股，两个小伙伴每人 1000 股。”

“我懂了，就是我占 60%，其他两个人各占 20%。”

“不准确，股份公司是按照股份计算出资的，在这个小卖部，你拥有 3000 股的股份。”

“这不是一样吗？”

“其实不一样，一个是相对比例，一个是绝对数量。”

“我明白了，爸爸。股票就是可以证明我们各自在公司拥有多少股份的凭证。”

“就是这样的。”

“爸爸，您的股票是怎么得来的呀？”

“爸爸的股票是买来的。还是用刚才的例子来讲，如果你的一个小伙伴不想继续当股东了，而恰巧有其他小伙伴想合伙，那么，你的小伙伴就可以把股份转让给这个人。可以原价转让，也可以高于或者低于原价的价格转让。这就是股票的买卖。”

小亦听了咚爸的话，觉得很有意思，接着问：“爸爸，您的股票就是通过这种方式买来的吗？”

“爸爸的股票不是这样买的。股票的交易有两种方式，一种是场内交易，就是我们常见的证券交易所进行的股票买卖活动；另外一种就是场外交易，刚刚讲过的小伙伴转让股份就属于这一类交易方式。”

“明白了，那爸爸的股票是场内交易得来的吗？”

“是的，爸爸需要在正规的证券公司开户，然后下载这个公司的交易软件，在软件上绑定银行卡，之后就可以在手机上自由地买卖股票了，还可以随时查看股票的价格变化情况。”

咚爸问：“小亦，你知道股票交易是什么意思吗？”

“不知道。爸爸，你给我讲讲吧！”

“其实，股票市场就像一个菜市场，股票交易就相当于做买卖蔬菜的生意。你以低价把蔬菜买来，再以高价卖出蔬菜，就可以赚取差价。股票交易和这个是一样的道理。”

“我明白了，爸爸，你好厉害呀！”

“那接下来爸爸讲一讲关于股票交易的小知识吧，小亦，你可要认真听哦！”咚爸说，“你有没有听说过‘牛市’和‘熊市’？”

“我听说过，但是不知道具体是什么意思。”

“‘牛市’与‘熊市’是股票市场行情的两种不同趋势。‘牛市’是价格持续上涨，成交额上升，交易活跃的证券市场行情；‘熊市’是价格持续下跌，成交额下降，交易呆滞的证券市场行情。”

“为什么股票会涨呢？”

“有很多种原因，比如国家出台了利好政策，股价就可能上涨。”

“听起来好有意思呀！”

“是啊！进行股票交易时会接触到很多有意思的词语。像爸爸这种进行股票交易的个人投资者，俗称‘股民’。到现在为止，咱们国家A股股民有一亿多人呢！”

“这么多呀！爸爸，什么是A股呀？”

“A股又叫人民币普通股票。它是由在中国境内注册的公司发行的，供境内的机构、组织或个人用人民币认购和交易的普通股股票。”

“爸爸，我可不可以也跟着您炒股呀？”

“现在还不行，你还太小，而且对股票的了解也太少。咱们国家规定只有成年人才可以开户炒股。”

“那还要好久……”小亦失落地说。

炒股是一把双刃剑，当我们熟悉股票知识，能够准确把握股票涨跌动向的时候，炒股才有可能让我们赚钱；而当我们对炒股一知半解，又急功近利的时候，炒股就会让我们赔钱。因为炒股失利而萎靡不振的人有很多，我们要引以为戒！

第二天，他们来到书店，翻看一些炒股入门书籍。

小亦还看到一些讲国债的书，便问咚爸："爸爸，国债是什么呀？"

"国债就是中央政府为了筹集财政资金，以其财政信誉担保，向社会发行的一种政府债券。"

小亦听了咚爸的介绍，对国债也很好奇，接着问："难道国家还缺钱吗？"

咚爸说："国家发行的有些国债是因为国家缺钱，需要向社会借钱，有些国债则不是这个原因。你以后可以多看一些书，慢慢地就能了解到更多关于国债的知识。"

“好，那国家发行了国债之后，是不是大家就可以去购买了呀？”小亦问。

“是的，在国债的发行期内，在很多银行都能购买到国债。”咚爸接着补充道，“国债是信用等级高、安全性好的投资产品，所以特别受大众欢迎，每一种国债上市之后，在很短的时间内就能被大家抢购一空。”

“哇，原来国债这么好，那它是不是能给人们带来很多的收益呀？”小亦兴奋地望着咚爸问道。

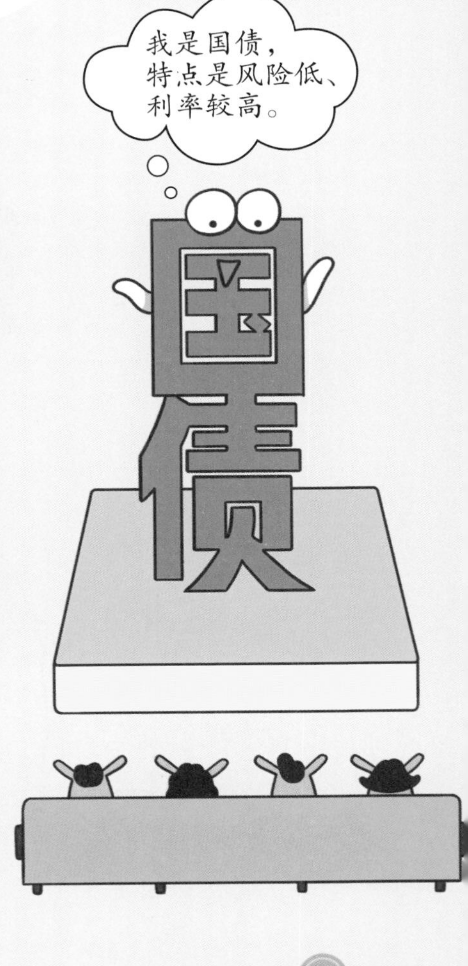

“是的，国债是有不同的期限的，比如一年期国债、三年期国债等，人们在国债持有期间，不仅大多有高于银行存款的利息收益，还能在国债到期时收回本金。”咚爸讲得可专业了，小亦也听得津津有味。

“国债真好啊！”小亦不由地赞叹道，“我今天的收获真不少啊，没想到了解了这么多与理财有关的知识呢！”

“是的呢！你先了解这些，将来，还会有更多的理财知识等你去了解呢！”咚爸摸摸小亦的脑袋说。

为什么要买保险

小朋友，你的爸爸妈妈有没有给你买保险呢？保险是怎么回事？为什么应该买保险？这些问题你也应该了解一些哦！

一天，咚咚对咚妈说：“妈妈，老师提醒我们明天要记得交保险费。”

“好，妈妈知道了。”

咚咚好奇地问：“妈妈，保险是什么呀？为什么我们每年都要交一次保险费呢？”

“你要交费的这种保险属于商业保险，是人们用来保护自己或财产的一种方法。投保人和保险公司签订合同，每隔一段时间或者一次性向保险公司支付保险费。当被保险人自身或者财产遭遇不测时，保险公司就会向保险受益人支付保险金。”

“原来是这样。妈妈，如果我们没有发生什么意外，那保险费不就白交了嘛！”

“哈哈，购买保险的意义在于减少意外事故带给我们的损失。简单来讲，保险就像一把伞，我们带着它是为了防备下雨。保险并不能改变我们现在的生活，但如果我们未来的生活发生了意外，它可以为我们提供一定的保障。”

“我明白了，买保险就是为了给未来做准备。”

“你说得对，这样，万一遇到一些意外事故，就不会太慌。”

“妈妈，您有没有保险呀？”

“妈妈当然有保险了。以前妈妈在公司工作时，公司会帮妈妈办理社会保险，社保费直接从妈妈的工资里扣掉，然后公司也会为妈妈缴纳一部分社保费。后来妈妈自己创业，就自己缴纳社保费，而且妈妈还从保险公司买了商业保险。”

“妈妈，什么是社会保险？”

“就是国家为丧失劳动能力、暂时失去劳动岗位或因健康原因造成损失的人口提供收入或补偿的一种社会保障制度，也就是我们常说的‘社保’。”

“那社会保险包括什么呢？”

“社会保险主要包括基本养老保险、基本医疗保险、失业保险、工伤保险、生育保险。”

“听起来有点儿复杂呢。您给我多讲讲刚才说过的商业保险吧！”咚咚的好奇心非常强。

“商业保险也比较复杂。它首先是投保人主动购买的，向保险公司支付保险费，保险公司负责对在保险责任范围内投保人所受的损失进行赔偿。商业保险的品种非常多，都是保险公司自己开发的。”咚妈耐心地解释着。

“妈妈，那商业保险大概有哪些品种呢？”

“从保障范围来看，商业保险大致分为人身保险、财产保险等。其实，保险的分类很细。像人身保险又分为人寿保险、人身意外伤害保险和健康保险三种。而财产保险有很多种，比如家庭财产保险、企业财产保险、车险……许多家庭经常购买的财产保险主要是车险。但妈妈也只知道这么多。”咚妈笑着说。

我们可以举个例子来理解商业保险和社会保险的关系。如果一个人看病花了三十万元，社会保险给报销十多万元，而他以前又买过相关的商业保险，那么剩下的钱就由商业保险公司按合同规定进行报销。

咚妈见咚咚对保险这么感兴趣，决定这周末带他去一趟保险公司，让他亲自了解一下。

保险公司的工作人员热情地接待了咚咚和咚妈。

咚咚问工作人员："叔叔，我经常从电视里听到'人寿保险'这个词，感到很好奇。妈妈说'人寿保险'属于商业保险，对吗？"

"是的，人寿保险是一种商业保险。"工作人员认真地回答咚咚的问题。

"叔叔，那人寿保险是保障什么的呀？"

“哈哈，小朋友很棒哦，很喜欢动脑筋呢！”工作人员说，“人寿保险一开始是为了保障被保险人因死亡可能对家庭造成的经济负担。”

“那买人寿保险是不是有很多好处呀？”

“是的。世界上每天都有人发生意外事故，还有一些人患病。可见，各种各样的危险在威胁着我们的生命，所以我们有必要采取一些措施来应对这些人身危险。”

“人寿保险可以帮助我们应对这些危险吗？”

“是的。人寿保险的承保范围非常广泛，人们可以根据自己的需要选择不同种类的保险，为未来做准备。”

“叔叔，我现在知道了，大家买保险是为了安心，而且保险也能帮助大家。可是，这样的话，保险公司能赚到钱吗？”

“其实，保险公司的盈利方式有很多种。有一种盈利方式叫作‘承保盈利’，就是当保险公司的赔款支出小于保险费收入时，产生的差额就是‘承保盈利’。”

“那如果保险公司赔付的钱比收到的保险费多，保险公司就赔钱了啊！”

“是呀，所以保险公司还有其他赚钱方式呀，比如投资。”

“投资？保险公司也做投资吗？”

“当然了。保险公司也会通过金融市场中的各种投资渠道和各种各样的国家允许的投资理财方式来获取投资利润。这是保险公司盈利的重要渠道之一。”

咚咚边听边想：“原来保险还有这么多学问呢！”

第8章

投资自己是最划算的投资

小朋友，你现在正处在投资自己的好时机，可要好好把握住机会哦！投资理财，可能会让你得到更多的金钱；而投资自己，会让你收获光明的未来。

咚咚对投资有了一些了解后，总琢磨着各种投资方法，他和同学交流如何投资，甚至去问文具店的老板是否需要投资，但都没什么结果。

这天，咚咚对咚妈说："我之前尝试过自己做生意，我现在想投资，可是没人需要我投资。"

"你现在还小，在这个阶段不能光想着赚钱，要努力学习。"咚妈劝诫道，"你现在是一名学生，学生的主要任务是学习。学好了知识才能让自己的能力和水平得到提升。你不能因为眼前的蝇头小利就忽略了自己美好的未来，小心得不偿失。"

最划算的投资方式就是投资自己。我们要不断地学习，使自己的能力和水平得到提升，在学校认真学习就属于投资自己，会让自己不断增值。人生的路很长，我们的眼光要放得长远些，不要做急功近利的事情。

咚咚听了咚妈的话，似有所悟。他说：“妈妈，对不起，是我太着急了。”

“没关系的，咚咚。你不妨去和哆哆她们聊聊她们前些天投资做生意的具体经过，并问问她们的心得体会。相信会对你有所启发的。”

“好的，妈妈。”

第二天，咚咚和哆哆、羽灵姐姐一起玩儿，谈到了投资的事情。咚咚对她们说：“我想投资做生意，问了同学和文具店的老板，可是他们都拒绝了我。”

“咚咚，我们投资做生意时也是一波三折的。”哆哆说。

“对呀，小亦可能也和你提起过，我们上次做卖西瓜和矿泉水的生意，可坎坷了。”羽灵姐姐向咚咚详细地讲了一遍具体过程。

“我们都是利用课余时间做的，但是我们失败了。你以前也尝试过做小生意，现在，你可千万不要因为总想着投资做生意而耽误上课呀！”羽灵姐姐说。

“是呀，我们现在还是学生，要以学习为主。”哆哆说。

“我妈妈也是这么说的，谢谢你们提醒我。”咚咚说。

“其实我们投资做生意主要是实践一下怎么投资，接触一些投资知识。以我们现在的水平，靠投资做生意是赚不了多少钱的，还耽误学习。目前我们最重要的事就是好好学习。”哆哆说。

“哆哆说得对，投资做生意是挺累人的，每天脑子里都在不停地琢磨。最终，很可能不仅不赚钱，还影响了自己的学习。经历了上次的事情，我更懂得了学习的重要性。”羽灵姐姐说。

“好，谢谢你们，我知道了。”咚咚说。

“妈妈，我已经从哆哆她们那里了解到她们之前投资做生意的事情了。我错了，不该只想着赚钱。”咚咚诚恳地说。

“没关系的，咚咚。你能这么快就认识到自己的错误，已经很棒了。”咚妈鼓励道。

“谢谢妈妈，我一定会把学习当成现在最重要的事情。哆哆她们告诉我，现在投资做生意并不是为了赚钱，而是为了学习投资知识。”

“对啊，看来和哆哆她们聊天让你收获了很多。”

“是的，她们给我讲了很多经验和教训，我很有收获。”

“妈妈一个同事的孩子已经大学毕业了，在从事金融方面的工作。等到周末的时候，妈妈带你去见一见这位哥哥。你们两个聊一聊，会对你有好处的。”

“好的，妈妈。”

周末到了，咚妈带着咚咚去见这位哥哥。

“哥哥，你好，谢谢你抽出时间来和我聊天。”

“不客气，我也很愿意和你聊天呢！”

“我听妈妈说，你在做金融方面的工作。你是什么时候决定自己要从事这种工作的呢？”

“是这样的。在我上中学的时候，爸爸为了培养我的理财意识，给我买了一些理财方面的书。我对书中的内容非常感兴趣，就下定决心要好好学习，以后往这个方向发展。”

“哥哥，你小时候尝试过做一些小的投资吗？”

“有的，在初一的时候，我曾经和同学一起做过小生意。”

“哇，是什么生意呀？”

“哈哈，我们一起从市场批发风筝，卖给同学们。”

“成功了吗？”咚咚好奇地问道。

“没有，我们最后失败了。”

“啊？为什么失败了呢？”

“我们当时只是了解了一些关于投资做生意的皮毛，就急着想要尝试。做生意之前什么都没有调查过，结果买进了太多风筝，却卖不出去。退也退不了，损失了很多钱。”

“那你们当时一定很郁闷吧？”

“是啊，不过也认识到了自己的错误。从那以后，我就努力学习，后来考上了一所不错的大学，现在在一家大公司工作。”

“哥哥，你好厉害呀，我要向你学习。请你告诉我一些学习心得吧！”咚咚有点儿崇拜地看着哥哥说。

“好的，咚咚。哥哥最大的心得就是一定要投资自己，投资自己最好的方式就是好好学习各种专业知识，不断努力。只有这样才能实现自己的梦想。”

“我知道了，哥哥。我一定会好好学习的。”

两人又聊了一会儿后，咚咚和咚妈回家了。

“妈妈，我现在知道了，投资自己是最重要的。我以后一定好好学习，上课认真听讲，课余时间多读书、长见识。我不会再荒废学业了，请妈妈放心。”咚咚拍着胸脯保证道。

咚妈听后，感到非常欣慰。